サイパー思考力算数練習帳シリーズ
シリーズ４３
逆算の特訓

整数範囲：カッコを用いた四則計算が正確にできること
（計算の順序を、正しく理解していること）

◆　本書の特長

1、中学受験に欠かせない「逆算」の考え方を、一から詳しく説明しています。整数範囲で余りのでない範囲であれば、どんな複雑な逆算も、この一冊を学習することで、必ず解けるようになります。

2、自分ひとりで考えて解けるように工夫して作成されています。他のサイパー思考力算数練習帳と同様に、**教え込まなくても学習できる**ように構成されています。

3、逆算を学ぶことで、計算の仕組みがよりよく理解でき、その他の分野の学習の基礎にもなります。

◆　サイパー思考力算数練習帳シリーズについて

　　ある問題について同じ種類・同じレベルの問題をくりかえし練習することによって、確かな定着が得られます。

　　そこで、中学入試につながる文章題について、同種類・同レベルの問題をくりかえし練習することができる教材を作成しました。

◆　指導上の注意

① 解けない問題、本人が悩んでいる問題については、お母さん（お父さん）が説明してあげて下さい。その時に、できるだけ具体的なものにたとえて説明してあげると良くわかります。

② お母さん（お父さん）はあくまでも補助で、問題を解くのはお子さん本人です。お子さんの達成感を満たすためには、「解き方」から「答」までの全てを教えてしまわないで下さい。教える場合はヒントを与える程度にしておき、本人が自力で答を出すのを待ってあげて下さい。

③ お子さんのやる気が低くなってきていると感じたら、無理にさせないで下さい。お子さんが興味を示す別の問題をさせるのも良いでしょう。

④ 丸付けは、その場でしてあげて下さい。フィードバック（自分のやった行為が正しいかどうか評価を受けること）は早ければ早いほど、本人の学習意欲と定着につながります。

もくじ

逆算1　1ステップの逆算・・・・・・・・・・・3
　問題1・・・・・・・・・・・・6
　問題2・・・・・・・・・・・10
　問題3・・・・・・・・・・・11
　テスト1・・・・・・・・・・12

逆算2　2ステップの逆算①・・・・・・・・・24
　問題4・・・・・・・・・・・18

逆算3　2ステップの逆算②・・・・・・・・・23
　問題5・・・・・・・・・・・25

逆算4　2ステップの逆算③・・・・・・・・・27
　問題6・・・・・・・・・・・28
　テスト2・・・・・・・・・・30

逆算5　3ステップの以上の逆算・・・・・・・34
　問題7・・・・・・・・・・・37
　テスト3・・・・・・・・・・41

解答・・・・・・・・・・・・・・・・・47

逆算の特訓　下　もくじ

逆算6　あまりのあるわり算の逆算・・・・・・・3
　問題8・・・・・・・・・・・7
　テスト4・・・・・・・・・12

逆算7　分数の逆算①・・・・・・・・・・・24
　問題9・・・・・・・・・・17

逆算8　分数の逆算②・・・・・・・・・・・20
　問題10・・・・・・・・・26
　テスト5・・・・・・・・・29

逆算9　多ステップの逆算・・・・・・・・・34
　テスト6・・・・・・・・・37

逆算1　1ステップの逆算

　5＋□＝8　の□を求めるような計算を逆算といいます。

例題1、5＋□＝8　の□を求めなさい。

　同じ形の式で、簡単な数字で考えてみましょう。（簡単な数字で考えるのは、算数の基本です）

　例えば　　1＋2＝3　　という式を使います。
　上の□の部分は、この式では「2」の部分になります。だから
　　　　　1＋□＝3
という式の□の部分を求める方法が、解く方法となります。
　□の部分は「2」ですね。「1＋□＝3」の式のわかっている数字は「1」と「3」で、それらを使って「2」を求めるには
　　　　　3－1＝2　　という式が考えられます。

　線分図で考えると

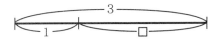

　この図で考えると、　□＝3－1　だとすぐにわかりますね。
　ですから、例題1の解き方は

　　　5＋□＝8
　　　　□＝8－5
　　　　　＝3

答、□＝3

逆算1　1ステップの逆算

例題2、□＋7＝9　の□を求めなさい。

簡単な式　1＋2＝3　の1の部分がわかりません。　□＋2＝3

□（ここでは1）を求めるには、わかっている「3」と「2」を使って、
3－2＝1　となります。

線分図で考えると

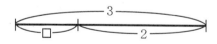

□＝3－2　だということがわかるでしょう。

　　□＋7＝9
　　　□＝9－7
　　　　＝2

答、□＝2

足し算の逆算は、引き算になります。

例題3、□－3＝4　の□を求めなさい。

同じように、簡単な式で考えてみましょう。

3－2＝1　の3の部分がわからない式と同じですね。　□－2＝1

□（ここでは3）を求めるには、わかっている「2」と「1」を使って、
2＋1＝3　となります。

線分図で考えると

□－2＝1
　□＝2＋1
　　＝3

逆算1　1ステップの逆算

したがって
　　□－3＝4
　　□＝3＋4
　　　＝7

答、□＝7

例題4、5－□＝3　の□を求めなさい。

簡単な式　3－2＝1　で考えると、この2の部分がわからない式と同じですね。
3－□＝1
□（ここでは2）を求めるには、わかっている「3」と「1」を使って、
　　3－1＝2　となります。

　　　　引き算の逆算は、引き算になることもあります。

線分図で考えると

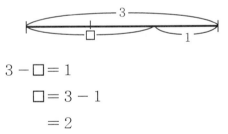

　　3－□＝1
　　　□＝3－1
　　　　＝2

したがって
　　5－□＝3
　　　□＝5－3
　　　　＝2

答、□＝2

逆算1　1ステップの逆算

　　　　引き算の逆算は、足し算になることも、引き算になることもあります。

問題1、次の式の□を、それぞれ求めなさい。途中の求め方も書くこと。

①、3＋□＝7
　　□＝
　　　＝

②、□＋5＝8
　　□＝
　　　＝

③、□－6＝3
　　□＝
　　　＝

④、6－□＝1
　　□＝
　　　＝

⑤、□＋5＝11
　　□＝
　　　＝

⑥、□－3＝10
　　□＝
　　　＝

⑦、7＋□＝12
　　□＝
　　　＝

⑧、13－□＝7
　　□＝
　　　＝

⑨、□－15＝19
　　□＝
　　　＝

⑩、13＋□＝20
　　□＝
　　　＝

⑪、□＋9＝13
　　□＝
　　　＝

⑫、14－□＝6
　　□＝
　　　＝

逆算1　1ステップの逆算

例題5、□×7＝56　の□を求めなさい。

　これまでと同じく、簡単な数字で考えてみましょう。(簡単な数字で考えるのは、算数の基本です)

　　例えば　　2×3＝6　　という式を使います。
　上の□の部分は、この式では「2」の部分になります。だから
　　　　□×3＝6
という式の□の部分を求める方法が、解く方法となります。
　□の部分は「2」ですね。「□×3＝6」の式のわかっている数字は「3」と「6」で、それらを使って「2」を求めるには
　　　　6÷3＝2　　という式が考えられます。

　線分図で考えると

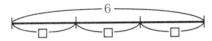

　この図で考えると、　□＝6÷3　だとすぐにわかりますね。
　ですから、例題5の解き方は

　　　　□×7＝56
　　　　　□＝56÷7
　　　　　　＝8

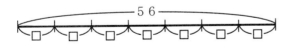

　　　　　　　　　　　　　　　　　答、□＝8

逆算1　1ステップの逆算

例題6、 5×□＝35　の□を求めなさい。

簡単な式　2×3＝6　の3の部分がわかりません。　2×□＝6
□（ここでは3）を求めるには、わかっている「2」と「6」を使って、
　　　　　6÷2＝3　となります。

線分図で考えると

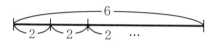

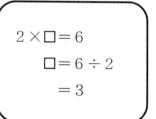

□＝6÷2　だということがわかるでしょう。

したがって
　　　5×□＝35
　　　　□＝35÷5
　　　　　＝7

　　　　　　　　　　　　　　　　　　　答、□＝7

例題7、 □÷6＝7　の□を求めなさい。

同じように、簡単な式で考えてみましょう。
6÷3＝2　の6の部分がわからない式と同じですね。　□÷3＝2
□（ここでは6）を求めるには、わかっている「2」と「3」を使って、
　　　　　2×3＝6　となります。

線分図で考えると

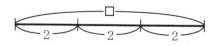

です。この図からも、2×3＝6　と求められることがわかりますね。

逆算1　1ステップの逆算

したがって
□÷6＝7　の式で考えると、
　　□÷6＝7
　　　□＝7×6
　　　　＝42

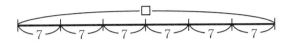

　　　　　　　　　　　　　　　答、□＝42

例題8、24÷□＝4　の□を求めなさい。

簡単な式　6÷3＝2　で考えると、この3の部分がわからない式と同じですね。
6÷□＝2
□（ここでは3）を求めるには、わかっている「6」と「2」を使って、
　　6÷2＝3　となります。

　　　　　わり算の逆算は、わり算になることもあります。

線分図で考えると

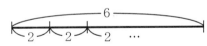

　　6÷□＝2
　　　□＝6÷2
　　　　＝3

したがって、24÷□＝4の場合
　　24÷□＝4
　　　□＝24÷4
　　　　＝6

　　　　　　　　　　　　　　　答、□＝6

逆算1　1ステップの逆算

わり算の逆算は、かけ算になることも、わり算になることもあります。

問題2、次の式の□を、それぞれ求めなさい。途中の求め方も書くこと。

①、□×7＝35
　　□＝
　　　＝

②、6×□＝42
　　□＝
　　　＝

③、□÷3＝9
　　□＝
　　　＝

④、40÷□＝5
　　□＝
　　　＝

⑤、□×4＝36
　　□＝
　　　＝

⑥、□÷3＝8
　　□＝
　　　＝

⑦、7×□＝49
　　□＝
　　　＝

⑧、48÷□＝8
　　□＝
　　　＝

⑨、□÷9＝7
　　□＝
　　　＝

⑩、7×□＝21
　　□＝
　　　＝

⑪、□×7＝28
　　□＝
　　　＝

⑫、36÷□＝6
　　□＝
　　　＝

逆算1　1ステップの逆算

問題3、次の式の□を、それぞれ求めなさい。途中の求め方も書くこと。

①、□＋7＝18
　　□＝
　　　＝

②、25－□＝13
　　□＝
　　　＝

③、□÷7＝9
　　□＝
　　　＝

④、4×□＝28
　　□＝
　　　＝

⑤、□－8＝17
　　□＝
　　　＝

⑥、72÷□＝9
　　□＝
　　　＝

⑦、5＋□＝13
　　□＝
　　　＝

⑧、□×6＝54
　　□＝
　　　＝

⑨、□＋9＝14
　　□＝
　　　＝

⑩、7×□＝63
　　□＝
　　　＝

⑪、17－□＝8
　　□＝
　　　＝

⑫、48÷□＝6
　　□＝
　　　＝

テスト1

テスト1、次の式の□を、それぞれ求めなさい。途中の求め方も書くこと。
（各10点　途中正解で5点）

／100　合格80点

① □＋9＝15
　　□＝
　　　＝

② 17－□＝9
　　□＝
　　　＝

③ □÷6＝9
　　□＝
　　　＝

④ 5×□＝45
　　□＝
　　　＝

⑤ □－5＝6
　　□＝
　　　＝

⑥ 8÷□＝2
　　□＝
　　　＝

⑦ 6＋□＝13
　　□＝
　　　＝

⑧ □×7＝49
　　□＝
　　　＝

⑨ 5－□＝3
　　□＝
　　　＝

⑩ 56÷□＝7
　　□＝
　　　＝

逆算2　2ステップの逆算①

例題9、4＋5－□＝6　の□を求めなさい。

　計算は、前から順にしていくことが原則です。
　例えば　　3＋2－1　　の場合、
3＋2＝5　→　5－1＝4
というぐあいに、前から順に計算してゆきます。
　図で示すと

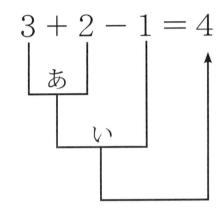

【図1】

あ→い　の順に計算をします。
　3＋2の答が「あ」で、「あ」は「5」となります。
　あ－1の答が「い」で、「い」は最終の答の「4」となります。

　例題9の場合、次のようになります。

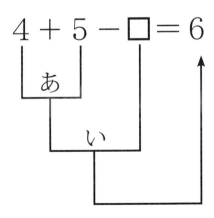

【図2】

逆算2　2ステップの逆算①

　ここで「あ」の部分「4＋5」は計算できますから、計算してしまいましょう。すると、次ののようになります。

$$9 － \square ＝ 6$$

これは、今までに学習したものと同じですね。

$$9 － \square ＝ 6$$
$$\square ＝ 9 － 6$$
$$＝ 3$$

答、__$\square ＝ 3$__

例題10、$6 ＋ \square － 2 ＝ 7$　の□を求めなさい。

　同じく、計算の順序を図に表すと、下のようになります。

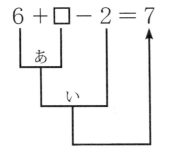

【図3】

　前から順に計算をしようと思っても、「あ」の部分の計算に「□」がありますので、ここでは計算できません。したがって、逆算の方法を使って解くことになります。

　「逆算」はその名のごとく、「逆に計算すること」です。計算を逆にたどって、□の部分を求めます。

　普通の計算ですと「あ」→「い」の順に計算をします。ですから逆算はその反対で「い」→「あ」とたどってゆきます。

　「$6 ＋ \square$」は計算できません。その答を仮に「あ」としておくのです。すると【図3】が【図4】のように簡単になります。こうすると「あ」が求められますね。

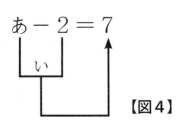

【図4】

逆算2　2ステップの逆算①

$$あ － 2 ＝ 7$$
$$あ ＝ 7 ＋ 2$$
$$＝ 9$$

「あ＝9」とわかりました。

【図3】にもどると今、「あ」の部分がわかったわけですから、「6＋□＝あ」が「6＋□＝9」だとわかったということです。

すると、もうわかりますね。

$$6 ＋ □ ＝ 9$$
$$□ ＝ 9 － 6$$
$$＝ 3$$

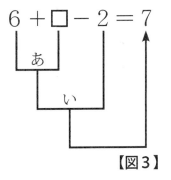

【図3】

答、□＝3

わかりやすく手順を書いておきます。逆算は計算の順序を逆にたどるのですから、【図3】を書きかえて、逆にたどるようにしてみます。

答の「7」から逆にたどると「い」に当たります。「い」は答の「7」のことです。

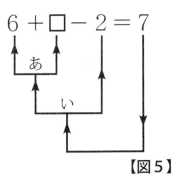

【図5】

そこで矢印が左右二つに分かれます。左が「あ」で右が「2」です。そしてその間の計算は「引き算」です。（【図6】）

ここを見ることで、「あ－2＝7」ということがわかるのです。

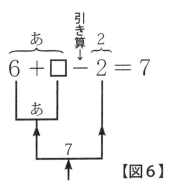

【図6】

ここで「あ」を求め、次に「□」を求めるという手順になります。

逆算2　2ステップの逆算①

もう一つ、やってみましょう。

例題11、□－7＋3＝8　の□を求めなさい。

計算の順序を図に表すと、【図7】のようになります。

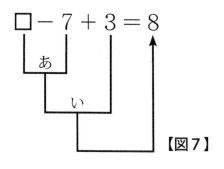
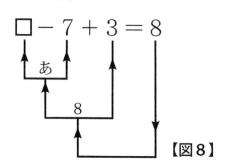

答の「8」から逆にたどると、「い」にいたります。「い＝8」ということです。

次に「い」をさかのぼると、左右二つに分かれます。左が「あ」で右が「3」で、その間の計算は「足し算」です。（【図9】）

ここで、「あ＋3＝8」ということがわか
るのです。

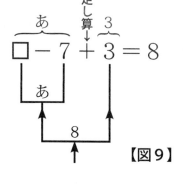

　　あ＋3＝8
　　　あ＝8－3
　　　　＝5

「あ」は「5」とわかりました。

その部分は「□－7＝あ」という式ですから、□は

　　□－7＝5
　　　□＝5＋7
　　　　＝12

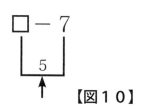

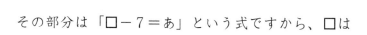

答、□＝12

逆算2　2ステップの逆算①

さらに、もう一つ。解答への式の書き方も、しっかりと学習しましょう。

例題12、3＋□－7＝5　の□を求めなさい。

逆算の流れは、【図11】のようになります。

式は、次のように書きましょう。

（「3＋□」を「あ」とする）
あ－7＝5
　あ＝5＋7
　　＝12

3＋□＝12
　□＝12－3
　　＝9

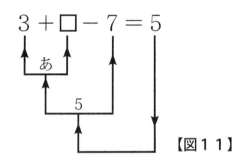

【図11】

答、□＝9

例題13、□－4－3＝6　の□を求めなさい。

（「□－4」を「あ」とする）
あ－3＝6
　あ＝6＋3
　　＝9

□－4＝9
　□＝9＋4
　　＝13

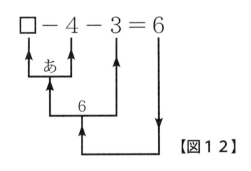

【図12】

答、□＝13

逆算2　2ステップの逆算①

問題4、例にならって図、式を書いて、次の式の□を、それぞれ求めなさい。

例、□＋2－3＝4

図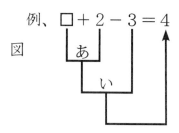

式　　あ－3＝4
　　　　あ＝4＋3（3＋4）
　　　　　＝7

　　　　□＋2＝7
　　　　　□＝7－2
　　　　　　＝5

①、□＋7－4＝9

図　　　　　　　　　　　式　　　　＝
　　　　　　　　　　　　　　あ＝
　　　　　　　　　　　　　　　＝

　　　　　　　　　　　　　　　＝
　　　　　　　　　　　　　　□＝
　　　　　　　　　　　　　　　＝

②、□－5＋3＝8

図　　　　　　　　　　　式　　　　＝
　　　　　　　　　　　　　　あ＝
　　　　　　　　　　　　　　　＝

　　　　　　　　　　　　　　　＝
　　　　　　　　　　　　　　□＝
　　　　　　　　　　　　　　　＝

逆算2　2ステップの逆算①

問題4

③、6＋□－2＝5

図　　　　　　　　　　式　　　＝
　　　　　　　　　　　　あ＝
　　　　　　　　　　　　　＝

　　　　　　　　　　　　　＝
　　　　　　　　　　　　□＝
　　　　　　　　　　　　　＝

④、8－□＋1＝7

図　　　　　　　　　　式　　　＝
　　　　　　　　　　　　あ＝
　　　　　　　　　　　　　＝

　　　　　　　　　　　　　＝
　　　　　　　　　　　　□＝
　　　　　　　　　　　　　＝

⑤、□＋7＋2＝13

図　　　　　　　　　　式　　　＝
　　　　　　　　　　　　あ＝
　　　　　　　　　　　　　＝

　　　　　　　　　　　　　＝
　　　　　　　　　　　　□＝
　　　　　　　　　　　　　＝

逆算2　2ステップの逆算①

問題4

⑥、□－5－4＝8

図　　　　　　　　　式　　　＝
　　　　　　　　　　　あ＝
　　　　　　　　　　　　＝

　　　　　　　　　　　　＝
　　　　　　　　　　　□＝
　　　　　　　　　　　　＝

⑦、5＋□－7＝9

図　　　　　　　　　式　　　＝
　　　　　　　　　　　あ＝
　　　　　　　　　　　　＝

　　　　　　　　　　　　＝
　　　　　　　　　　　□＝
　　　　　　　　　　　　＝

⑧、□－6＋2＝9

図　　　　　　　　　式　　　＝
　　　　　　　　　　　あ＝
　　　　　　　　　　　　＝

　　　　　　　　　　　　＝
　　　　　　　　　　　□＝
　　　　　　　　　　　　＝

逆算2　2ステップの逆算①

問題4

⑨、□－3－9＝2

図　　　　　　　　　　　　式　　　＝
　　　　　　　　　　　　　　　あ＝
　　　　　　　　　　　　　　　　＝

　　　　　　　　　　　　　　　　＝
　　　　　　　　　　　　　　　□＝
　　　　　　　　　　　　　　　　＝

⑩、3＋□＋5＝10

図　　　　　　　　　　　　式　　　＝
　　　　　　　　　　　　　　　あ＝
　　　　　　　　　　　　　　　　＝

　　　　　　　　　　　　　　　　＝
　　　　　　　　　　　　　　　□＝
　　　　　　　　　　　　　　　　＝

⑪、10－□＋8＝9

図　　　　　　　　　　　　式　　　＝
　　　　　　　　　　　　　　　あ＝
　　　　　　　　　　　　　　　　＝

　　　　　　　　　　　　　　　　＝
　　　　　　　　　　　　　　　□＝
　　　　　　　　　　　　　　　　＝

逆算2　2ステップの逆算①

問題4

⑫、9－□－4＝1

図　　　　　　　　　　　式　　＝
　　　　　　　　　　　　　　あ＝
　　　　　　　　　　　　　　　＝

　　　　　　　　　　　　　　　＝
　　　　　　　　　　　　　　□＝
　　　　　　　　　　　　　　　＝

⑬、11－□＋2＝4

図　　　　　　　　　　　式　　＝
　　　　　　　　　　　　　　あ＝
　　　　　　　　　　　　　　　＝

　　　　　　　　　　　　　　　＝
　　　　　　　　　　　　　　□＝
　　　　　　　　　　　　　　　＝

⑭、13－□－6＝3

図　　　　　　　　　　　式　　＝
　　　　　　　　　　　　　　あ＝
　　　　　　　　　　　　　　　＝

　　　　　　　　　　　　　　　＝
　　　　　　　　　　　　　　□＝
　　　　　　　　　　　　　　　＝

逆算3　2ステップの逆算②

例題14、5＋3×□＝11　の□を求めなさい。

「かけ算・わり算」は「たし算・ひき算」より先に計算をしなければいけないというルールがありましたね。この場合、計算の順序は下の図のようになります。

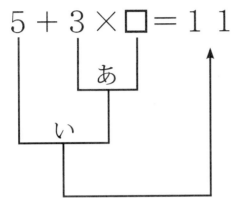

逆算をする場合、矢印を逆にたどって、考えるのでしたね。

「い」は「11」です。そこからさかのぼると、左右に2つに枝分かれしますね。左が「5」で右が「あ」です。またその2つの計算式は「＋」です。

ですから、その部分は
　　5＋あ＝11
という式になります。

「あ」を求めるには
　　あ＝11－5
　　　＝6
となります。

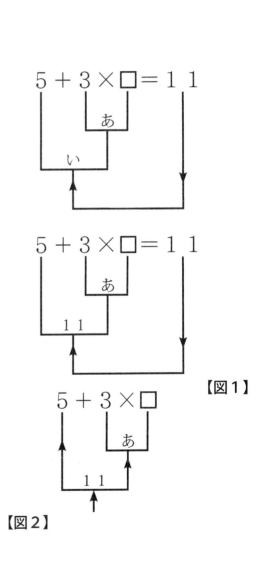

【図1】

【図2】

逆算3　2ステップの逆算②

「あ」は「3×□」ですから

　　3×□＝あ
　　3×□＝6
　　　　□＝6÷3
　　　　　＝2

　　　　　　　　　　　　　　　　　　　答、□＝2

例題15、3＋□÷2＝7　の□を求めなさい。

これも、「わり算が先」だということに注意して、考えましょう。

式で考えてみます。

　　3＋□÷2＝7
　　(□÷2を「あ」とする)
　　3＋あ＝7
　　　あ＝7－3
　　　　＝4

　　□÷2＝4
　　　□＝4×2　(2×4)
　　　　＝8

　　　　　　　　　　　　　　　　　　　答、□＝8

やり方は、例題9～13とおなじですね。逆にたどる時の、枝分かれの仕方が、少し違うだけです。

逆算3　2ステップの逆算②

問題5、「問題4」にならって図、式を書いて、次の式の□を、それぞれ求めなさい。

①、3＋□×5＝13

図　　　　　　　　　　式　　　　＝
　　　　　　　　　　　　あ＝
　　　　　　　　　　　　　＝

　　　　　　　　　　　　　＝
　　　　　　　　　　　　□＝
　　　　　　　　　　　　　＝

②、8－□×3＝2

図　　　　　　　　　　式　　　　＝
　　　　　　　　　　　　あ＝
　　　　　　　　　　　　　＝

　　　　　　　　　　　　　＝
　　　　　　　　　　　　□＝
　　　　　　　　　　　　　＝

③、3＋4×□＝11

図　　　　　　　　　　式　　　　＝
　　　　　　　　　　　　あ＝
　　　　　　　　　　　　　＝

　　　　　　　　　　　　　＝
　　　　　　　　　　　　□＝
　　　　　　　　　　　　　＝

逆算3　2ステップの逆算②

問題5

④、2＋□÷5＝5

図　　　　　　　　　式　　　　＝
　　　　　　　　　　　　　　あ＝
　　　　　　　　　　　　　　　＝

　　　　　　　　　　　　　　　＝
　　　　　　　　　　　　　□＝
　　　　　　　　　　　　　　　＝

⑤、8－12÷□＝5

図　　　　　　　　　式　　　　＝
　　　　　　　　　　　　　　あ＝
　　　　　　　　　　　　　　　＝

　　　　　　　　　　　　　　　＝
　　　　　　　　　　　　　□＝
　　　　　　　　　　　　　　　＝

⑥、10－18÷□＝8

図　　　　　　　　　式　　　　＝
　　　　　　　　　　　　　　あ＝
　　　　　　　　　　　　　　　＝

　　　　　　　　　　　　　　　＝
　　　　　　　　　　　　　□＝
　　　　　　　　　　　　　　　＝

逆算4　2ステップの逆算③

例題16、(5+□)×3＝21　の□を求めなさい。

「かけ算・わり算」は「たし算・ひき算」より先に計算をしなければいけないというルールがありました。さらに（　）があれば、「かけ算・わり算」より先に計算をしなければなりません。

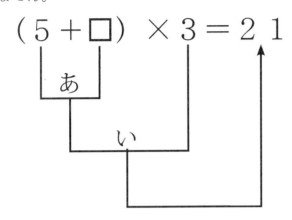

矢印の図が正しくかければ、あとは以前と全く同じです。

　　あ×3＝21
　　　あ＝21÷3
　　　　＝7

　　5+□＝7
　　　□＝7－5
　　　　＝2

　　　　　　　　　　　　　　　答、□＝2

計算の順序をまちがえないように。
順序の図が正しくかければ、解き方は以前と全く同じです。

逆算4　2ステップの逆算③

問題6、「問題5」にならって図、式を書いて、次の式の□を、それぞれ求めなさい。

①、6＋（□－5）＝8

図　　　　　　　　　式　　＝
　　　　　　　　　　　あ＝
　　　　　　　　　　　　＝

　　　　　　　　　　　　＝
　　　　　　　　　　　□＝
　　　　　　　　　　　　＝

②、（9－□）×2＝8

図　　　　　　　　　式　　＝
　　　　　　　　　　　あ＝
　　　　　　　　　　　　＝

　　　　　　　　　　　　＝
　　　　　　　　　　　□＝
　　　　　　　　　　　　＝

③、12÷（□＋2）＝2

図　　　　　　　　　式　　＝
　　　　　　　　　　　あ＝
　　　　　　　　　　　　＝

　　　　　　　　　　　　＝
　　　　　　　　　　　□＝
　　　　　　　　　　　　＝

逆算4　2ステップの逆算③

問題6

④、（□－5）÷3＝7

図　　　　　　　　　式　　　＝
　　　　　　　　　　　あ＝
　　　　　　　　　　　　＝

　　　　　　　　　　　　＝
　　　　　　　　　　　□＝
　　　　　　　　　　　　＝

⑤、5×（8－□）＝20

図　　　　　　　　　式　　　＝
　　　　　　　　　　　あ＝
　　　　　　　　　　　　＝

　　　　　　　　　　　　＝
　　　　　　　　　　　□＝
　　　　　　　　　　　　＝

⑥、16÷（7－□）＝4

図　　　　　　　　　式　　　＝
　　　　　　　　　　　あ＝
　　　　　　　　　　　　＝

　　　　　　　　　　　　＝
　　　　　　　　　　　□＝
　　　　　　　　　　　　＝

テスト2

テスト2、次の式の□を、それぞれ求めなさい。途中の求め方も書くこと。
　　（各１０点　途中正解で５点）

　　　　　　　　　　　　　　　　　　　　　　／１００　合格８０点　点

　①、１２÷□＋２＝８

図　　　　　　　　　　式　　　　＝
　　　　　　　　　　　あ　　＝
　　　　　　　　　　　　　　＝

　　　　　　　　　　　　　　＝
　　　　　　　　　　　□　＝
　　　　　　　　　　　　　　＝

　②、４＋６÷□＝７

図　　　　　　　　　　式　　　　＝
　　　　　　　　　　　あ　　＝
　　　　　　　　　　　　　　＝

　　　　　　　　　　　　　　＝
　　　　　　　　　　　□　＝
　　　　　　　　　　　　　　＝

テスト2

③、9−□×3＝0

図　　　　　　　式　　　　＝
　　　　　　　　　　　　あ＝
　　　　　　　　　　　　　＝

　　　　　　　　　　　　　＝
　　　　　　　　　　　　□＝
　　　　　　　　　　　　　＝

④、13−(□＋5)＝4

図　　　　　　　式　　　　＝
　　　　　　　　　　　　あ＝
　　　　　　　　　　　　　＝

　　　　　　　　　　　　　＝
　　　　　　　　　　　　□＝
　　　　　　　　　　　　　＝

⑤、7＋(8−□)＝12

図　　　　　　　式　　　　＝
　　　　　　　　　　　　あ＝
　　　　　　　　　　　　　＝

　　　　　　　　　　　　　＝
　　　　　　　　　　　　□＝
　　　　　　　　　　　　　＝

テスト2

⑥、(8－□)×2＝8

図　　　　　　　式　　　＝
　　　　　　　　　　あ＝
　　　　　　　　　　　＝

　　　　　　　　　　　＝
　　　　　　　　　　□＝
　　　　　　　　　　　＝

⑦、(□＋6)÷5＝3

図　　　　　　　式　　　＝
　　　　　　　　　　あ＝
　　　　　　　　　　　＝

　　　　　　　　　　　＝
　　　　　　　　　　□＝
　　　　　　　　　　　＝

⑧、(16－□)÷3＝5

図　　　　　　　式　　　＝
　　　　　　　　　　あ＝
　　　　　　　　　　　＝

　　　　　　　　　　　＝
　　　　　　　　　　□＝
　　　　　　　　　　　＝

テスト2

⑨、3×(18÷□)=6

図　　　　　　　　式　　　＝
　　　　　　　　　　　あ＝
　　　　　　　　　　　　＝

　　　　　　　　　　　　＝
　　　　　　　　　　　□＝
　　　　　　　　　　　　＝

⑩、16÷(9−□)=4

図　　　　　　　　式　　　＝
　　　　　　　　　　　あ＝
　　　　　　　　　　　　＝

　　　　　　　　　　　　＝
　　　　　　　　　　　□＝
　　　　　　　　　　　　＝

逆算5　3ステップ以上の逆算

例題17、10－2×（□－6）＝4　の□を求めなさい。

　どういう順序で計算をするか、図に表してみましょう。
　（　）の中の計算が一番最初ですので「□－6」が1番目です。
　次に、ひき算とかけ算ではかけ算の方が先ですので「2×（　）」の部分が2番目になります。
　そして最後に「10－　…」の部分、という順番ですね。

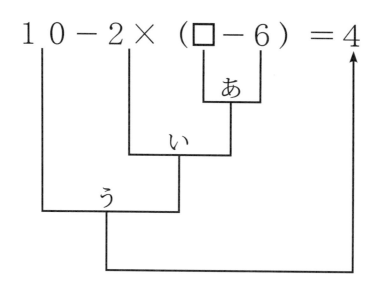

　今回は、3回計算がありますね。
　上記の図になるのがわかりますか？

　解き方は、今までと同じです。答の「4」から逆にたどって、計算してゆきます。

　逆にたどると、「う」の部分が答の「4」です。この「4」から逆にたどると、左が「10」、右が「い」となっています。そして、その間の計算が「－」です。

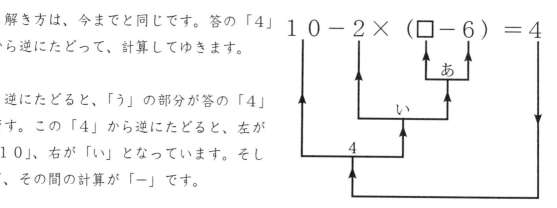

逆算5　3ステップ以上の逆算

「10－い」の計算の答が「4」ということですから、
　　10－い＝4
　　　　い＝10－4
　　　　　＝6
「い＝6」だということがわかりました。

$$10-2\times(\square-6)$$

「6」をまたさかのぼると、左が「2」、右が「あ」、間の計算は「×」です。
　　2×あ＝6
　　　あ＝6÷2
　　　　＝3

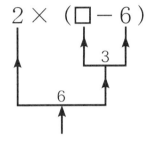

もうわかりますね。
　　□－6＝3
　　　□＝3＋6　（6＋3）
　　　　＝9

答、□＝9

もう1つ、やってみましょう。

例題18、6－（7＋□）÷3＝2　の□を求めなさい。

まず、図に表してみましょう。
（　）が1番、わり算が2番、ひき算が3番ですね。

答の「2」から、逆にたどりましょう。すると「う」が「2」になることがわかります。

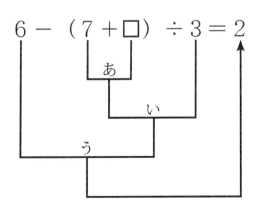

逆算5　3ステップ以上の逆算

「2」をさかのぼると、左が「6」右が「い」のひき算です。

　　6－い＝2
　　　　い＝6－2
　　　　　＝4　　　　　　　「い＝4」です。

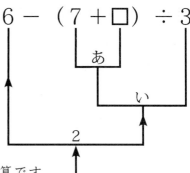

「4」をまたさかのぼると、左が「あ」右が3のわり算です。

　　あ÷3＝4
　　　　あ＝4×3（3×4）
　　　　　＝12

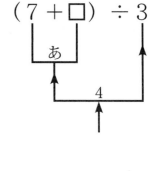

「12」をさかのぼると、「7」と「□」のたし算です。

　　7＋□＝12
　　　　□＝12－7
　　　　　＝5

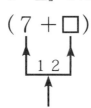

答、__□＝5__

例題19、2×（8－□）－3＝7　の□を求めなさい。

図　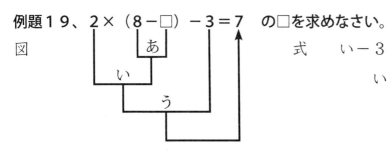

式　　い－3＝7
　　　　い＝7＋3（3＋7）
　　　　　＝10

　　　2×あ＝10
　　　　あ＝10÷2
　　　　　＝5

　　　8－□＝5
　　　　□＝8－5
　　　　　＝3　　答、__□＝3__

逆算5　3ステップ以上の逆算

問題7、「例題19」にならって図、式を書いて、次の式の□を、それぞれ求めなさい。

①、3＋（□－3）×2＝11

図　　　　　　　　式　　　　　＝
　　　　　　　　　　　　　い＝
　　　　　　　　　　　　　　＝

　　　　　　　　　　　　　　＝
　　　　　　　　　　　　　あ＝
　　　　　　　　　　　　　　＝

　　　　　　　　　　　　　　＝
　　　　　　　　　　　　　□＝
　　　　　　　　　　　　　　＝

②、（7＋□）÷3×2＝6

図　　　　　　　　式　　　　　＝
　　　　　　　　　　　　　い＝
　　　　　　　　　　　　　　＝

　　　　　　　　　　　　　　＝
　　　　　　　　　　　　　あ＝
　　　　　　　　　　　　　　＝

　　　　　　　　　　　　　　＝
　　　　　　　　　　　　　□＝
　　　　　　　　　　　　　　＝

逆算5　3ステップ以上の逆算

問題7

③、16÷(□-3)+5=7

図　　　　　　　　式
　　　　　　　　　　　　＝
　　　　　　　　　　い＝
　　　　　　　　　　　＝
　　　　　　　　　　　＝
　　　　　　　　　　あ＝
　　　　　　　　　　　＝
　　　　　　　　　　　＝
　　　　　　　　　　□＝
　　　　　　　　　　　＝

④、17-4×(8-□)=5

図　　　　　　　　式
　　　　　　　　　　　　＝
　　　　　　　　　　い＝
　　　　　　　　　　　＝
　　　　　　　　　　　＝
　　　　　　　　　　あ＝
　　　　　　　　　　　＝
　　　　　　　　　　　＝
　　　　　　　　　　□＝
　　　　　　　　　　　＝

逆算5　3ステップ以上の逆算

問題7

⑤、（7－4÷□）＋3＝8

図　　　　　　　　　　　式　　＝
　　　　　　　　　　　　　い＝
　　　　　　　　　　　　　　＝

　　　　　　　　　　　　　　＝
　　　　　　　　　　　　　あ＝
　　　　　　　　　　　　　　＝

　　　　　　　　　　　　　　＝
　　　　　　　　　　　　　□＝
　　　　　　　　　　　　　　＝

⑥、5－（9－□×2）＝4

図　　　　　　　　　　　式　　＝
　　　　　　　　　　　　　い＝
　　　　　　　　　　　　　　＝

　　　　　　　　　　　　　　＝
　　　　　　　　　　　　　あ＝
　　　　　　　　　　　　　　＝

　　　　　　　　　　　　　　＝
　　　　　　　　　　　　　□＝
　　　　　　　　　　　　　　＝

逆算5　3ステップ以上の逆算

問題7

（4ステップ　チャレンジしてみよう）

※⑦、（8－□×3）×4－5＝3

図　　　　　　　　　　　式　　＝
　　　　　　　　　　　　　う＝
　　　　　　　　　　　　　　＝
　　　　　　　　　　　　　　＝
　　　　　　　　　　　　　　＝
　　　　　　　　　　　　　い＝
　　　　　　　　　　　　　　＝
　　　　　　　　　　　　　　＝
　　　　　　　　　　　　　あ＝
　　　　　　　　　　　　　　＝
　　　　　　　　　　　　　　＝
　　　　　　　　　　　　　□＝
　　　　　　　　　　　　　　＝

テスト3

テスト3、次の式の□を、それぞれ求めなさい。途中の求め方も書くこと。
（各１０点　途中正解で５点）

/100　合格80点　点

①、3＋□－4－2＝7

図

式　　＝
　　い＝
　　　＝
　　　＝
　　　＝
　　あ＝
　　　＝
　　　＝
　　　＝
　　□＝
　　　＝

テスト3

②、2×(6−□)+3=7

図　　　　　　　　　　式　　＝
　　　　　　　　　　　　　い＝
　　　　　　　　　　　　　　＝

　　　　　　　　　　　　　　＝
　　　　　　　　　　　　　あ＝
　　　　　　　　　　　　　　＝

　　　　　　　　　　　　　　＝
　　　　　　　　　　　　　□＝
　　　　　　　　　　　　　　＝

③、15−(□+6)÷2=7

図　　　　　　　　　　式　　＝
　　　　　　　　　　　　　い＝
　　　　　　　　　　　　　　＝

　　　　　　　　　　　　　　＝
　　　　　　　　　　　　　あ＝
　　　　　　　　　　　　　　＝

　　　　　　　　　　　　　　＝
　　　　　　　　　　　　　□＝
　　　　　　　　　　　　　　＝

テスト3

④、(8 − □) × 5 − 3 = 7

図　　　　　　　　　　　式　　　＝
　　　　　　　　　　　　　　い＝
　　　　　　　　　　　　　　　＝

　　　　　　　　　　　　　　　＝
　　　　　　　　　　　　　　あ＝
　　　　　　　　　　　　　　　＝

　　　　　　　　　　　　　　　＝
　　　　　　　　　　　　　　□＝
　　　　　　　　　　　　　　　＝

⑤、(9 − □) × 7 ÷ 2 = 14

図　　　　　　　　　　　式　　　＝
　　　　　　　　　　　　　　い＝
　　　　　　　　　　　　　　　＝

　　　　　　　　　　　　　　　＝
　　　　　　　　　　　　　　あ＝
　　　　　　　　　　　　　　　＝

　　　　　　　　　　　　　　　＝
　　　　　　　　　　　　　　□＝
　　　　　　　　　　　　　　　＝

テスト3

⑥、(7 + 6 ÷ □) − 5 = 4

図　　　　　　　　式　　=
　　　　　　　　　　い=
　　　　　　　　　　　=
　　　　　　　　　　　=
　　　　　　　　　　あ=
　　　　　　　　　　　=
　　　　　　　　　　　=
　　　　　　　　　　□=
　　　　　　　　　　　=

⑦、12 ÷ (3 + □ − 5) = 4

図　　　　　　　　式　　=
　　　　　　　　　　い=
　　　　　　　　　　　=
　　　　　　　　　　　=
　　　　　　　　　　あ=
　　　　　　　　　　　=
　　　　　　　　　　　=
　　　　　　　　　　□=
　　　　　　　　　　　=

テスト3

⑧、18−(5×□−4)=2

図　　　　　　　　　式　　　=
　　　　　　　　　　　　い=
　　　　　　　　　　　　　=
　　　　　　　　　　　　　=
　　　　　　　　　　　　あ=
　　　　　　　　　　　　　=
　　　　　　　　　　　　　=
　　　　　　　　　　　　□=
　　　　　　　　　　　　　=

※⑨、5×(7−12÷□)−6=9

図　　　　　　　　　式　　　=
　　　　　　　　　　　　う=
　　　　　　　　　　　　　=
　　　　　　　　　　　　　=
　　　　　　　　　　　　い=
　　　　　　　　　　　　　=
　　　　　　　　　　　　　=
　　　　　　　　　　　　あ=
　　　　　　　　　　　　　=

テスト3

⑨の続き

※⑩、20÷(4+15÷□×2)+6=8

図　　　　　　　　　　　式

解 答

P 6
問題1

①、$3+\square=7$
$\square=7-3$
$=4$

②、$\square+5=8$
$\square=8-5$
$=3$

③、$\square-6=3$
$\square=6+3\ (3+6)$
$=9$

④、$6-\square=1$
$\square=6-1$
$=5$

⑤、$\square+5=11$
$\square=11-5$
$=6$

⑥、$\square-3=10$
$\square=3+10\ (10+3)$
$=13$

⑦、$7+\square=12$
$\square=12-7$
$=5$

⑧、$13-\square=7$
$\square=13-7$
$=6$

⑨、$\square-15=19$
$\square=15+19\ (19+15)$
$=34$

⑩、$13+\square=20$
$\square=20-13$
$=7$

⑪、$\square+9=13$
$\square=13-9$
$=4$

⑫、$14-\square=6$
$\square=14-6$
$=8$

P 10
問題2

①、$\square\times7=35$
$\square=35\div7$
$=5$

②、$6\times\square=42$
$\square=42\div6$
$=7$

③、$\square\div3=9$
$\square=9\times3\ (3\times9)$
$=27$

④、$40\div\square=5$
$\square=40\div5$
$=8$

⑤、$\square\times4=36$
$\square=36\div4$
$=9$

⑥、$\square\div3=8$
$\square=8\times3\ (3\times8)$
$=24$

⑦、$7\times\square=49$
$\square=49\div7$
$=7$

⑧、$48\div\square=8$
$\square=48\div8$
$=6$

⑨、$\square\div9=7$
$\square=7\times9\ (9\times7)$
$=63$

⑩、$7\times\square=21$
$\square=21\div7$
$=3$

解 答

P10
問題2

⑪、$\square \times 7 = 28$
$\square = 28 \div 7$
$= 4$

⑫、$36 \div \square = 6$
$\square = 36 \div 6$
$= 6$

P11
問題3

①、$\square + 7 = 18$
$\square = 18 - 7$
$= 11$

②、$25 - \square = 13$
$\square = 25 - 13$
$= 12$

③、$\square \div 7 = 9$
$\square = 9 \times 7$ (7×9)
$= 63$

④、$4 \times \square = 28$
$\square = 28 \div 4$
$= 7$

⑤、$\square - 8 = 17$
$\square = 17 + 8$
$= 25$

⑥、$72 \div \square = 9$
$\square = 72 \div 9$
$= 8$

⑦、$5 + \square = 13$
$\square = 13 - 5$
$= 8$

⑧、$\square \times 6 = 54$
$\square = 54 \div 6$
$= 9$

⑨、$\square + 9 = 14$
$\square = 14 - 9$
$= 5$

⑩、$7 \times \square = 63$
$\square = 63 \div 7$
$= 9$

⑪、$17 - \square = 8$
$\square = 17 - 8$
$= 9$

⑫、$48 \div \square = 6$
$\square = 48 \div 6$
$= 8$

P12
テスト1

①、$\square + 9 = 15$
$\square = 15 - 9$
$= 6$

②、$17 - \square = 9$
$\square = 17 - 9$
$= 8$

③、$\square \div 6 = 9$
$\square = 9 \times 6$ (6×9)
$= 54$

④、$5 \times \square = 45$
$\square = 45 \div 5$
$= 9$

⑤、$\square - 5 = 6$
$\square = 6 + 5$ $(5 + 6)$
$= 11$

⑥、$8 \div \square = 2$
$\square = 8 \div 2$
$= 4$

⑦、$6 + \square = 13$
$\square = 13 - 6$
$= 7$

⑧、$\square \times 7 = 49$
$\square = 49 \div 7$
$= 7$

解　答

P12
テスト1

⑨、5 －□＝3
　　　　□＝5 －3
　　　　　＝2

⑩、56 ÷□＝7
　　　　□＝56 ÷7
　　　　　＝8

P18
問題4

①、□＋7 －4 ＝9

図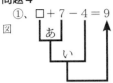

式　　あ－4 ＝9
　　　あ＝9 ＋4
　　　　＝13

　　　□＋7 ＝13
　　　　□＝13 －7
　　　　　＝6

②、□－5 ＋3 ＝8

図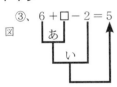

式　　あ＋3 ＝8
　　　あ＝8 －3
　　　　＝5

　　　□－5 ＝5
　　　　□＝5 ＋5
　　　　　＝10

P19

③、6 ＋□－2 ＝5

図

式　　あ－2 ＝5
　　　あ＝5 ＋2（2 ＋5）
　　　　＝7

　　　6 ＋□＝7
　　　　□＝7 －6
　　　　　＝1

④、8 －□＋1 ＝7

図

式　　あ＋1 ＝7
　　　あ＝7 －1
　　　　＝6

　　　8 －□＝6
　　　　□＝8 －6
　　　　　＝2

解 答

P19

問題4

⑤、□＋7＋2＝13

図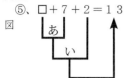

式　あ＋2＝13
　　あ＝13－2
　　　＝11

　　□＋7＝11
　　　□＝11－7
　　　　＝4

P20

⑥、□－5－4＝8

図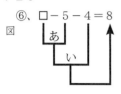

式　あ－4＝8
　　あ＝8＋4　（4＋8）
　　　＝12

　　□－5＝12
　　　□＝12＋5
　　　　＝17

⑦、5＋□－7＝9

図

式　あ－7＝9
　　あ＝9＋7　（7＋9）
　　　＝16

　　5＋□＝16
　　　□＝16－5
　　　　＝11

⑧、□－6＋2＝9

図

式　あ＋2＝9
　　あ＝9－2
　　　＝7

　　□－6＝7
　　　□＝7＋6　（6＋7）
　　　　＝13

P21

⑨、□－3－9＝2

図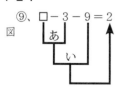

式　あ－9＝2
　　あ＝2＋9　（9＋2）
　　　＝11

　　□－3＝11
　　　□＝11＋3
　　　　＝14

M.access　　　　　　－50－　　　　　　逆算の特訓　上　解答

解 答

P21
問題4

⑩、3+□+5=10

図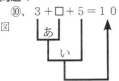

式　あ+5=10
　　あ=10-5
　　　=5

　　3+□=5
　　　□=5-3
　　　　=2

⑪、10-□+8=9

図

式　あ+8=9
　　あ=9-8
　　　=1

　　10-□=1
　　　□=10-1
　　　　=9

P22

⑫、9-□-4=1

図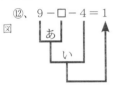

式　あ-4=1
　　あ=1+4（4+1）
　　　=5

　　9-□=5
　　　□=9-5
　　　　=4

⑬、11-□+2=4

図

式　あ+2=4
　　あ=4-2
　　　=2

　　11-□=2
　　　□=11-2
　　　　=9

⑭、13-□-6=3

図

式　あ-6=3
　　あ=3+6（6+3）
　　　=9

　　13-□=9
　　　□=13-9
　　　　=4

解 答

P25
問題5

① 3+□×5=13

図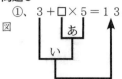

式　　3+あ=13
　　　あ=13−3
　　　　=10

　　　□×5=10
　　　□=10÷5
　　　　=2

② 8−□×3=2

図

式　　8−あ=2
　　　あ=8−2
　　　　=6

　　　□×3=6
　　　□=6÷3
　　　　=2

③ 3+4×□=11

図

式　　3+あ=11
　　　あ=11−3
　　　　=8

　　　4×□=8
　　　□=8÷4
　　　　=2

P26
④ 2+□÷5=5

図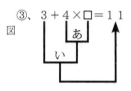

式　　2+あ=5
　　　あ=5−2
　　　　=3

　　　□÷5=3
　　　□=3×5（5×3）
　　　　=15

⑤ 8−12÷□=5

図

式　　8−あ=5
　　　あ=8−5
　　　　=3

　　　12÷□=3
　　　□=12÷3
　　　　=4

解 答

P26
問題5

⑥、10−18÷□=8

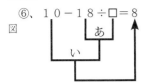

式　　10−あ=8
　　　　あ=10−8
　　　　　=2

　　　18÷□=2
　　　　□=18÷2
　　　　　=9

P28
問題6

①、6+（□−5）=8

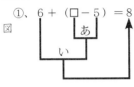

式　　6+あ=8
　　　　あ=8−6
　　　　　=2

　　　□−5=2
　　　　□=2+5（5+2）
　　　　　=7

②、（9−□）×2=8

図　あ
　　　い

式　　あ×2=8
　　　　あ=8÷2
　　　　　=4

　　　9−□=4
　　　　□=9−4
　　　　　=5

③、12÷（□+2）=2

図　あ
　　　い

式　　12÷あ=2
　　　　あ=12÷2
　　　　　=6

　　　□+2=6
　　　　□=6−2
　　　　　=4

P29

④、（□−5）÷3=7

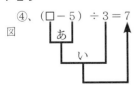

式　　あ÷3=7
　　　　あ=7×3（3×7）
　　　　　=21

　　　□−5=21
　　　　□=21+5（5+21）
　　　　　=26

解 答

P29
問題6

⑤、5×(8−□)＝20

図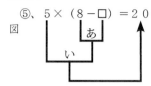

式　　5×あ＝20
　　　　あ＝20÷5
　　　　　＝4

　　　8−□＝4
　　　　□＝8−4
　　　　　＝4

⑥、16÷(7−□)＝4

図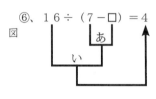

式　　16÷あ＝4
　　　　あ＝16÷4
　　　　　＝4

　　　7−□＝4
　　　　□＝7−4
　　　　　＝3

P30
テスト2

①、12÷□＋2＝8

図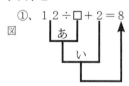

式　　あ＋2＝8
　　　　あ＝8−2
　　　　　＝6

　　　12÷□＝6
　　　　□＝12÷6
　　　　　＝2

②、4＋6÷□＝7

図

式　　4＋あ＝7
　　　　あ＝7−4
　　　　　＝3

　　　6÷□＝3
　　　　□＝6÷3
　　　　　＝2

P31

③、9−□×3＝0

図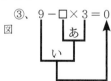

式　　9−あ＝0
　　　　あ＝9−0
　　　　　＝9

　　　□×3＝9
　　　　□＝9÷3
　　　　　＝3

解 答

P31

テスト2

④、13-(□+5)=4

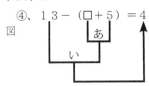

式　13-あ=4
　　　あ=13-4
　　　　＝9

　　　□+5=9
　　　　□=9-5
　　　　　＝4

⑤、7+(8-□)=12

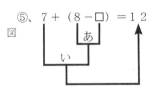

式　7+あ=12
　　　あ=12-7
　　　　＝5

　　　8-□=5
　　　　□=8-5
　　　　　＝3

P32

⑥、(8-□)×2=8

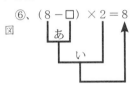

式　あ×2=8
　　　あ=8÷2
　　　　＝4

　　　8-□=4
　　　　□=8-4
　　　　　＝4

⑦、(□+6)÷5=3

図

式　あ÷5=3
　　　あ=3×5（5×3）
　　　　＝15

　　　□+6=15
　　　　□=15-6
　　　　　＝9

⑧、(16-□)÷3=5

図

式　あ÷3=5
　　　あ=5×3（3×5）
　　　　＝15

　　　16-□=15
　　　　□=16-15
　　　　　＝1

解 答

P33
テスト2

⑨、3×(18÷□)=6

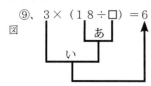

式　3×あ=6
　　　あ=6÷3
　　　　=2

　　18÷□=2
　　　　□=18÷2
　　　　　=9

⑩、16÷(9−□)=4

式　16÷あ=4
　　　あ=16÷4
　　　　=4

　　9−□=4
　　　□=9−4
　　　　=5

P37
問題7

①、3+(□−3)×2=11

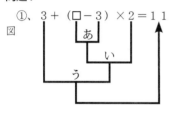

式　3+い=11
　　　い=11−3
　　　　=8

　　あ×2=8
　　　あ=8÷2
　　　　=4

　　□−3=4
　　　□=4+3　(3+4)
　　　　=7

②、(7+□)÷3×2=6

式　い×2=6
　　　い=6÷2
　　　　=3

　　あ÷3=3
　　　あ=3×3
　　　　=9

　　7+□=9
　　　□=9−7
　　　　=2

解 答

P38
問題7

③、 $16÷(□-3)+5=7$

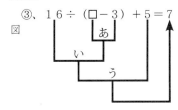

式　　い＋5＝7
　　　　い＝7－5
　　　　　＝2

　　　16÷あ＝2
　　　　あ＝16÷2
　　　　　＝8

　　　□－3＝8
　　　　□＝8＋3（3＋8）
　　　　　＝11

④、 $17-4×(8-□)=5$

図

式　　17－い＝5
　　　　い＝17－5
　　　　　＝12

　　　4×あ＝12
　　　　あ＝12÷4
　　　　　＝3

　　　8－□＝3
　　　　□＝8－3
　　　　　＝5

P39

⑤、 $(7-4÷□)+3=8$

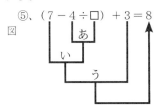

式　　い＋3＝8
　　　　い＝8－3
　　　　　＝5

　　　7－あ＝5
　　　　あ＝7－5
　　　　　＝2

　　　4÷□＝2
　　　　□＝4÷2
　　　　　＝2

⑥、 $5-(9-□×2)=4$

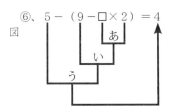

式　　5－い＝4
　　　　い＝5－4
　　　　　＝1

　　　9－あ＝1
　　　　あ＝9－1
　　　　　＝8

解答

P39
問題7 ⑥の続き

$$\square \times 2 = 8$$
$$\square = 8 \div 2$$
$$= 4$$

P40 ※チャレンジ
⑦、$(8 - \square \times 3) \times 4 - 5 = 3$

図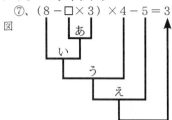

式　う－5＝3
　　う＝3＋5（5＋3）
　　　＝8

　　い×4＝8
　　い＝8÷4
　　　＝2

　　8－あ＝2
　　あ＝8－2
　　　＝6

　　□×3＝6
　　□＝6÷3
　　　＝2

P41
テスト3
①、$3 + \square - 4 - 2 = 7$

図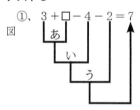

式　い－2＝7
　　い＝7＋2（2＋7）
　　　＝9

　　あ－4＝9
　　あ＝9＋4（4＋9）
　　　＝13

　　3＋□＝13
　　□＝13－3
　　　＝10

P42
②、$2 \times (6 - \square) + 3 = 7$

図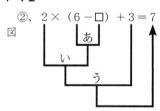

式　い＋3＝7
　　い＝7－3
　　　＝4

　　2×あ＝4　　　　　6－□＝2
　　あ＝4÷2　　　　　□＝6－2
　　　＝2　　　　　　　　＝4

解 答

P42

テスト3

③、 15－(□+6)÷2＝7

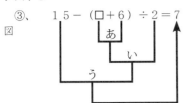

式　15－い＝7
　　　い＝15－7
　　　　＝8

　　あ÷2＝8　　　　　　□+6＝16
　　あ＝8×2 (2×8)　　 □＝16－6
　　　＝16　　　　　　　　＝10

P43

④、(8－□)×5－3＝7

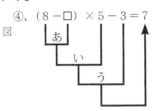

式　い－3＝7
　　　い＝7+3 (3+7)
　　　　＝10

　　あ×5＝10　　　　　 8－□＝2
　　あ＝10÷5　　　　　 □＝8－2
　　　＝2　　　　　　　　 ＝6

⑤、(9－□)×7÷2＝14

図

式　い÷2＝14
　　　い＝14×2 (2×14)
　　　　＝28

　　あ×7＝28　　　　　 9－□＝4
　　あ＝28÷7　　　　　 □＝9－4
　　　＝4　　　　　　　　 ＝5

P44

⑥、(7+6÷□)－5＝4

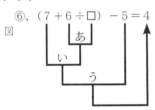

式　い－5＝4
　　　い＝4+5 (5+4)
　　　　＝9

　　7+あ＝9　　　　　　6÷□＝2
　　あ＝9－7　　　　　　□＝6÷2
　　　＝2　　　　　　　　 ＝3

⑦、12÷(3+□－5)＝4

図

式　12÷い＝4
　　　い＝12÷4
　　　　＝3

　　あ－5＝3　　　　　 3+□＝8
　　あ＝3+5 (5+3)　　 □＝8－3
　　　＝8　　　　　　　　＝5

解 答

P45
テスト3

⑧、18－(5×□－4)＝2

図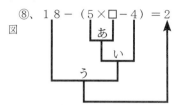

式　18－い＝2
　　　　い＝18－2
　　　　　＝16

あ－4＝16
　あ＝16＋4　(4＋16)
　　＝20

5×□＝20
　□＝20÷5
　　＝4

⑨、5×(7－12÷□)－6＝9

図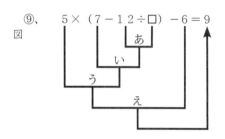

式　う－6＝9
　　　う＝9＋6　(6＋9)
　　　　＝15

5×い＝15
　い＝15÷5
　　＝3

7－あ＝3
　あ＝7－3
　　＝4

12÷□＝4
　□＝12÷4
　　＝3

P46

⑩、20÷(4＋15÷□×2)＋6＝8

図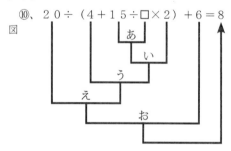

式　え＋6＝8
　　　え＝8－6
　　　　＝2

20÷う＝2
　う＝20÷2
　　＝10

4＋い＝10
　い＝10－4
　　＝6

あ×2＝6
　あ＝6÷2
　　＝3

15÷□＝3
　□＝15÷3
　　＝5

M.acceess　学びの理念

☆**学びたいという気持ちが大切です**
　勉強を強制されていると感じているのではなく、心から学びたいと思っていることが、子どもを伸ばします。

☆**意味を理解し納得する事が学びです**
　たとえば、公式を丸暗記して当てはめて解くのは正しい姿勢ではありません。意味を理解し納得するまで考えることが本当の学習です。

☆**学びには生きた経験が必要です**
　家の手伝い、スポーツ、友人関係、近所付き合いや学校生活もしっかりできて、「学び」の姿勢は育ちます。
　生きた経験を伴いながら、学びたいという心を持ち、意味を理解、納得する学習をすれば、負担を感じるほどの多くの問題をこなさずとも、子どもたちはそれぞれの目標を達成することができます。

発刊のことば

　「生きてゆく」ということは、道のない道を歩いて行くようなものです。「答」のない問題を解くようなものです。今まで人はみんなそれぞれ道のない道を歩き、「答」のない問題を解いてきました。

　子どもたちの未来にも、定まった「答」はありません。もちろん「解き方」や「公式」もありません。

　私たちの後を継いで世界の明日を支えてゆく彼らにもっとも必要な、そして今、社会でもっとも求められている力は、この「解き方」も「公式」も「答」すらもない問題を解いてゆく力ではないでしょうか。

　人間のはるかに及ばない、素晴らしい速さで計算を行うコンピューターでさえ、「解き方」のない問題を解く力はありません。特にこれからの人間に求められているのは、「解き方」も「公式」も「答」もない問題を解いてゆく力であると、私たちは確信しています。

　M.accessの教材が、これからの社会を支え、新しい世界を創造してゆく子どもたちの成長に、少しでも役立つことを願ってやみません。

思考力算数練習帳シリーズ43
逆算の特訓　上　新装版　　整数範囲　（内容は旧版と同じものです）

2025年5月10日　新装版　第2刷
著　者　水島　酔
編集者　M.access（エム・アクセス）
発行所　株式会社　認知工学
〒604−8155　京都市中京区錦小路烏丸西入ル占出山町308
電話　（075）256−7723　　email：ninchi@sch.jp
郵便振替　01080−9−19362　株式会社認知工学

ISBN978-4-86712-143-6　C-6341　　　　A43160225E　M

定価＝　本体600円　＋税

ISBN978-4-86712-143-6　C6341　¥600E

9784867121436

1926341006008

定価：本体６００円＋消費税

M.access　認知工学

表紙の解答

□が数字だった場合を仮定してどの順で計算するかを考え、その手順の逆をたどります。

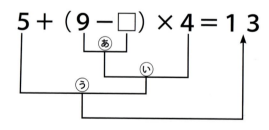

$9-□=$ ⓐ
ⓐ$\times 4=$ ⓘ
$5+$ ⓘ $=$ ⓤ
$\quad =13$

逆算　$5+$ ⓘ $=13$
　　　　ⓘ $=13-5=8$

　　　ⓐ $\times 4=8$
　　　　ⓐ $=8\div 4=2$

　　　$9-□=2$
　　　　□ $=9-2=7$

答、　7

思考力算数練習帳シリーズ

シリーズ43

逆算の特訓 上 新装版

四則計算の逆算、（ ）のある計算の逆算

整数範囲：カッコを用いた四則計算が正確にできること
（計算の順序を、正しく理解していること）

問題、□にあてはまる数字を求めなさい。

$$5 + (9 - □) \times 4 = 13$$

答、_____

新装版